你的水桶有多满？

HOW FULL IS YOUR BUCKET？

【美】汤姆·拉思　唐纳德·克利夫顿博士
TOM RATH　DONALD O. CLIFTON, PH. D.
方晓光　译

中国青年出版社
CHINA YOUTH PRESS
中青文传媒

图书在版编目(CIP)数据

你的水桶有多满? /（美）拉思，（美）克利夫顿著；方晓光译.
—北京：中国青年出版社，2013.7
ISBN 978-7-5153-1753-3
Ⅰ.①你… Ⅱ.①拉… ②克… ③方… Ⅲ.①心理学－通俗读物 Ⅳ.①B84-49
中国版本图书馆CIP数据核字（2013）第148846号

HOW FULL IS YOUR BUCKET? by Tom Rath and Donald O. Clifton, Ph.D.

Original English Language Publication 2004 by Gallup Press
New York, NY, USA

你的水桶有多满?

作　　者：[美] 汤姆·拉思　唐纳德·克利夫顿
译　　者：方晓光
责任编辑：肖　佳　肖妩嫔
美术编辑：张　建　夏　蕊
出　　版：中国青年出版社
发　　行：北京中青文文化传媒有限公司
电　　话：010-65516873 / 65518035
公司网址：www.cyb.com.cn
购书网址：zqwts.tmall.com　www.diyijie.com
印　　刷：三河市文通印刷包装有限公司
版　　次：2013年7月第1版
印　　次：2018年4月第3次印刷
开　　本：880 × 1230　1/32
字　　数：80千字
印　　张：5
京权图字：01-2012-7612
书　　号：ISBN 978-7-5153-1753-3
定　　价：29.00元

对《你的水桶有多满？》的赞誉之辞

在这本篇幅短却分量重的书中，祖孙两人组合的写作团队告诉我们，通过在日常的人际关系中运用积极心理学（positive psychology），就能使我们的生活发生意想不到的变化。

——《出版商周刊》

论据充分，观点鲜明，令人信服地探讨了如何增进自尊，改善人际关系与个人健康……一本短小精悍的"指南"。

——《人力管理》期刊

克利夫顿和拉思令人信服地告诉我们，当人们经常受到鼓励、认可和表扬时，会产生多么好的结果；而如果缺乏积极的交往，会对人们的情感、精神，有时甚至健康产生多么大的损害……领导者如果想消除或避免这样的恶果，就应当把《你的水桶有多满？》作为他们自己和部下的必读书。

——约翰·C. 麦克斯韦尔《领导力21法则》

书中的实用案例特别值得经理人关注。

——《旧金山纪事报》

通篇没有（令人厌恶的）说教，而用简短、通俗和乐观的方式来鼓舞人心。

——《迈阿密先驱报》

好啊！这本小册子真是宝贝，充满了智慧、启示和实际的忠告，而且植根于严谨的研究。读了此书，你将用全新的眼光看待你的生活、工作和世界。

——马丁·沃尔什，

人力资源管理协会（SHRM）基金执行主任

汤姆·拉思和唐·克利夫顿一语中的。他们的积极策略威力无比。

——迈克尔·W. 莫里森博士，

丰田大学校长

如果每个人都读它，世界就会变好。

——詹姆士·C. 怀特，

美国众议院前议长

高屋建瓴，引人入胜，简明易读。本书的主题动人而充满灵性，凝聚了几十年的研究成果。

——李·E. 威廉姆斯 教育学博士，

全美非洲裔女子领导学院执行主任

我非常喜欢并热情推荐此书。我为我热爱和关心的人买了好多本。

——保罗·海厄姆，

沃尔玛百货公司前营销总监

读此书，令每位读者难忘；用此书，令每个企业振奋。

——威廉·罗伯森，

韦斯顿咨询公司董事长

如果有培养个人素质的诺贝尔奖，就应颁给此书。

——麦克·约翰斯，

内布拉斯加州州长

本书重申了人们相互关心和同情的价值。汤姆·拉思和唐·克利夫顿发明了简单而强大的策略，来赋予工作新的意义和使生活更美好。

——N. 乔伊斯·佩恩，

瑟古德·马歇尔奖学基金创始人

读此书一气呵成，却令人难忘。任何力图建立积极文化的企业都应把它作为核心教材。

——瓦尔·J. 哈兰芒达利斯，

全国家庭护理协会会长

谨以此书纪念我的外祖父、合作者和

导师唐·克利夫顿

目录

CONTENTS

周年版前言

PREFACE TO THE ANNIVERSARY EDITION

《你的水桶有多满？》自出版以来，我听到了数千名读者的反馈。有的告诉我他们提高自身幸福感的最佳策略，还有的分享了他们的人生故事。他们都有一个共同点，就是把“水桶”的比喻铭记在心，继而对自身生活、工作和与亲朋好友的关系产生持久的影响。

遗憾的是，也有数百名读者告诉我，他们处境不佳，使他们的水桶经常被舀干。其中有的人长年受到此种恶劣环境和人际关系的困扰。鉴于这样的问题不是发自一个孤立事件，而是大量负面事件积压而成，他们陷入困境而无法自拔。然而，正是数千个负面的日常交往积压成疾，对他们造成了严重的损害。

这种持续的消极情绪，或我们的盖洛普研究团队称作的“怠工”现象（active disengagement）在遍及全球的职场泛滥成灾。“怠工”已不是局限于少数人的孤立现象，而是在迅速蔓延。一个人的消极情绪会很快瓦解同事、顾客、朋友和家人的幸福感。（正如一项2008年的研究项目所示，与此形成对照的是，一个人的积极心态能通过“三度分割”，对周边的人产生深刻的积极影响。）可以说，一个消极的工作环境不仅会对你个人及工作效率造成损害，而且会瓦解你的朋友和家人的幸福感。

自本书出版以来，曾有许多读者问到，他们应当如何帮助一名长期“怠工”的同事。我对此的最好建议始终是，设法改进环境，如果此举无效，则尽可能躲开问题同事。我一度认定，有一些人天生就是怠工的。然而，事实证明我错了。几年前，盖洛普进行了一项研究，结论正相反。

此项研究后来我们重复了多次，每次都随机抽取一千多名员工进行民意测验。我们问他们，经理们最关注的是什么：

A）员工的优势

B）员工的弱点

C）既不关注优势，也不关注弱点，而是不理不睬

我们发现，只要关注员工的优势，一个人，特别是此种场景中的经理，就能几乎完全消除一个职场中的怠工现象。如果员工声称，经理对他们麻木不仁，既不关注优势，也不关注弱点，他们就有40%的可能怠工。如果经理关注他们的弱点，情况反而会好一点（可能是因为经理毕竟在意），他们有20%的可能怠工。但如果一名经理关注员工的优势，后者仅有1%的可能陷入消极和怠工。

一如此项研究所示，怠工是一个可以医治的问题，一个我们能够掌控的挑战。如果我们花时间每天关注我们身边每个人的优势，就能改变整个环境。

你将在书中了解到，一切都应当从积极的人际交往开始。分分秒秒都重要。

汤姆·拉思

前言

INTRODUCTION

20世纪50年代初，我的外祖父唐·克利夫顿在美国内布拉斯加州立大学教授心理学。在教学过程中，他发现了一个重要的问题：当时心理学界所关注的焦点只有一个，那就是人们有什么毛病。

由此，他想到，要是研究人们有什么优点，岂不是更有意义？

于是，在过去的50多年里，唐和他的同事们访谈了数百万人，不是了解他们的欠缺，而是了解他们的优点。

唐在研究的初期就发现，我们每个人的人生经历都取决于我们与其他人的交往。无论是与好友促膝长谈，还是在餐馆里点菜，每一次交往都对我们的生活产生影响。我们每次交往的结果几乎不是积极就是消极，而很少是中性的。虽然我们对这些交往熟视无睹，但它们日积月累，继而深刻影响我们的一生。

到了20世纪90年代，一个全新的学科出现了：积极心理学（positive psychology），它所关注的就是人们的优点。如今，许多全球一流的科学家都在研究积极情感（positive emotions）的效应。

2002年，美国心理学会充分认可了唐的创新研究，将他誉为“优势心理学之父”和“积极心理学之祖”。同年，唐被确诊为癌症晚期，全身扩散。不出亲朋好友的预料，他知道自己来日无多，便抓紧一生最后的几个月时光，做他最拿手的事情：帮助别人识别和发挥自身优势。

尽管唐已经出版了好几部专著，包括畅销的《现在，发现你的优势》，但他仍邀请我和他同写一本最后的书，一本以他在20世纪60年代发明的理论为核心的书。几十年来，由于这一理论家喻户晓，很多人都建议唐写这本书。过去40多年中，有5000多个组织和100多万人运用了这一理论。不仅如此，人们还将它推荐给朋友、同事和家人。

唐的理论使用了一个“勺子”和“水桶”的简单比喻，深入浅出地诠释了他一生的研究成果。在唐一生的最后几个月里，他和我夜以继日地整理他在半个多世纪的研究中获得的最重要的发现。虽然唐在接受化疗和放疗，但只要他能撑得住，我们都在争分夺秒地写作。

我们在他的书房里，一忙就是半天，悉心整理有冲击力的研究、数据和故事。随着唐的病情逐步恶化，我不得不给他读资料，然后记下他的反馈。他逐字逐句审阅书稿，以确保每个故事和内涵都引起你的共鸣。

就我而言，能与唐合作此书使我倍感荣幸。他是我的导师、榜样和朋友。我们的关系异常密切，一起度过了令人难忘的美好时光。他的远见卓识给我鼓舞，催我奋进。唐深知，我一生深受这一理论的影响。正如第四章所述，运用唐的“勺子和水桶”理论帮助我自己战胜了癌症。

回想起来，我觉得写作此书为唐注入了活力，帮助他与癌症作最后的斗争。他毕生致力于一个一个地帮助人，为的是让世界变得更美好。他深知，写这本书会大有益处。我们完成此书数周后，他便于2003年9月去世。

唐的79年生涯中，通过著书、讲学和他创立的跨国公司，影响了成百上千万的人。唐把帮助个人和组织识别和发挥优势视为自己毕生的事业，成为一代宗师。

我们希望你在阅读此书时，能发现，注满水桶对于你自己的一生是多么重要。

汤姆·拉思

译者序

我第一次见本书的合作者唐·克利夫顿先生，是1993年。当时，我到美国内布拉斯加州林肯市的盖洛普公司总部，与唐的儿子、公司总裁吉姆谈判在中国建立合资企业的事。我们谈了一上午，最后，吉姆带我去见他爸。我知道，这表明谈成了。唐当时是董事长，但在我眼中，他更像一个教授。我印象最深的是他那又宽又亮的脑门，还有镜片后面的那双灰蓝色的眼睛，执著地盯着我看。事后吉姆告诉我，他的确是个教授，而且是资深的心理学家。我明白了，他是在测我呢。

现在回头看，唐对我是满意的。盖洛普中国公司于1993年成立，一直发展得不错。其间整整十年，直到唐2003年去世，我们见过很多面。最值得纪念的，是他2002年来北京。在他的倡议和赞助下，盖洛普与北京大学心理系成立了“盖洛普-北大成功心理学中心”。北大还授予他“名誉教授”的称号。

由于工作关系，我认识不少美国人，其中对我影响最大的是唐。可以不夸张地说，他改变了我的人生道路。他不仅支持我创立盖洛普中国分公司，让我圆了从政府机关下海的梦，更重要的是，他让我了解了“优势理论”和“成功心理学”。

我虽没专门学过心理学，却始终对它很好奇。我上研究生时，学的是英美文学。文学是人学，所以我也接触了一些心理学知识，觉得有道理。不过，唐的“成功心理学”与我在研究生院所接触的传统心理学很不同。传统心理学研究人的精神病态，以求寻找治疗的良方。“成功心理学”则关注人的常态，刻意发现成功的秘诀。一个是有病治病，另一个是无病强身。

唐一生成就斐然，被美国心理学会誉为“优势理论之父”和“成功心理学之爷”。由于他和一批同道的努力，如今，“成功心理学”在西方已形成气候，被广泛应用于教育、家庭、管理、医疗等领域，取得了卓越的成效。说来也巧，近日《参考消息》报道，诺贝尔经济学奖得主，美国普林斯顿大学心理学教授丹尼尔·卡内曼正领导一个小组，致力于创立一个“幸福指数”，来衡量人的幸福感，使它与国内生产总值（GDP）一样成为国家发展水平的衡量标准。[①]卡内曼是“成功心理学”的一位领军人物，也是盖洛普公司的高级顾问。

唐生前对中国情有独钟。他的一个夙愿，就是把“成功心理学”介绍到中国来，帮助13亿中国人发现和发挥自身优势。就此而言，我与唐的结识，似乎是上帝的安排。我虽不是心理学家，但对唐的理论充满了一种直觉的赞同和由衷的喜爱，而唐显然看中了我的感悟和激情。他说，“优势理论”和“成功心理学”的曲子已经写好，缺的就是“歌唱家”。他要我当的，就是这个“歌唱家”，用通俗唱法，把他的曲子唱给中国的观众听。为此，他邀请我到美国参加他亲自主持的

① 《参考消息》2005年3月2日第14版。

两周培训。毕业典礼上，唐请学员们表决心。我大言不惭地说，“我承包13亿人，剩下的你们搞定。”唐乐了。

其实，唐不仅“作曲”高明，而且本人就是一位优秀的“歌唱家”。之所以这么说，是因为他善于把高深的理论“傻瓜化”，让老百姓都能听懂。眼下这本他和他的外孙汤姆·拉思合作的《你的水桶有多满？》，就是他唱的一首“优势理论”和“成功心理学”的“流行曲”。书中，唐用“水桶”和“勺子”的简单比喻来描述复杂的人际关系。唐从“成功心理学”出发，号召我们为各自的水桶加水，而不要从各自的水桶舀水，继而实现双赢。唐不仅努力传道，而且身体力行，成为加水的楷模。汤姆在书中讲述了唐如何为他加水，帮助他战胜病魔，成就人生的故事，感人至深。唐也为我的水桶加了不少水。他的建议和鼓励，帮助我找到了一个新的使命和随之而来的成就感。

从1979年开始改革开放至今，中国经历了二十多年的高速发展。相比计划经济的往昔，人们如今的物质生活水平大大提高，小康社会渐成现实。然而，我们的精神生活水平如何？

我们的幸福指数获得了相应的提高吗？我们快乐吗？最近一期美国《时代》周刊刊登了一组专题报道，题为“快乐的科学”。[②]文中援引国外最新的研究指出，人们在解决了温饱之后，并不是物质条件越好，就越快乐。换言之，在很多情况下，钱是买不来快乐的。我们盖洛普中国公司分别在1994、1997、1999和2004年进行了四次全国消费者调查，其中发现，国人尽管比原来大大富裕了，但对生活的满意度反而有所下降。说真的，社会学家在担心，由于经济高速发展而出现的社会断层，使人均GDP达到1000美元的中国社会进入了一个不稳定期，其表象之一就是大批的人心态浮躁和失衡，以及由此而生的种种矛盾和冲突。我们很多人有钱了，却不快乐，更多的是“人比人，气死人”。

社会的进程有其规律，往往不以人的意志而转移。中国的现代化刚起步，要走的路还很长，其中包括大量人们翘首以待的制度安排。但是，“成功心理学”告诉我们，在客观条

② 《时代》2005年2月28日，30—47页。

件给定的前提下，快乐不快乐，人的心态是关键。同样半杯水，有人说一半是空的，还有人说一半是满的，唐属于后者。不仅如此，他还要把水加满，分给大家。现在都在谈如何在中国构建一个和谐社会，我觉得，要像唐一样，从我们自己做起，因为怨天尤人的快感终究不会提高幸福指数。让我们都照《你的水桶有多满？》书中的建议，设法为各自的水桶加水，继而在追求财富和功名的同时，寻找健康和快乐。

方晓光

勺子和水桶的理论

我们每个人都有一只看不见的水桶。取决于别人对我们说什么和做什么，我们的水桶每时每刻都在放水和注水。当我们的水桶注满时，我们兴高采烈。当我们的水桶放空时，我们垂头丧气。

我们每个人还有一把看不见的勺子。当我们用它为别人的水桶加水时——用我们的言行增加他们的积极情感——我们也在为自己的水桶注水。但是，当我们用这把勺子从别人的水桶里往外舀水时——用我们的言行减少他们的积极情感——我们也在给自己的水桶放水。

就像一只满得外溢的水杯，一只盛满水的水桶使我们精神抖擞，意气风发。水桶中的每一滴水都使我们更强壮，更乐观。

但是一只空水桶却使我们萎靡不振、精疲力尽、裹足不前。正因为如此，每次有人从我们的水桶往外舀水时，我们都会受到伤害。

因此，我们每时每刻都面临一个选择：我们可以为各自的水桶加水，也可以从各自的水桶舀水。这是一个至关重要的选择——它深刻地影响着我们的人际关系、工作效率、健康和幸福。

CHAPTER ONE

第一章

消极心态是杀手

Negativity Kills

•HOW FULL IS YOUR BUCKET?•

我们动笔写这本书的时候，我向外祖父问的第一个问题是："你当时为什么开始研究人的优点呢？"唐毫不犹豫地回答，是他读到的一个案例改变了他的专业和人生焦点。这是一个充满了悲哀的案例：

20世纪50年代初，后来成为美国陆军首席心理军医官的威廉·E. 迈尔（William E. Mayer）少校研究了曾被某国战俘营囚禁的1000名美军战俘，了解到一场有史以来最极端和变态的心理战对其对象的摧毁性打击。

以常规衡量，美军战俘被关押的地方不算特别残酷或出格。战俘们有吃，有喝，有住。他们也没有受到当时流行的酷刑折磨，例如在十指上钉竹签。事实上，他们所受的待遇比有史以来各场大规模战争中的战俘都优越。

既然如此，这些战俘营中为什么有这么多的美军士兵死亡？尽管四周并没有铁丝网，也没有布满荷枪实弹的岗哨，却没有一个士兵企图逃跑。不仅如此，这些战俘经常相互告发和出卖，有时甚至与敌方看守成为好友。

后来，战俘营的幸存者被移交日本的一个红十字会机构，终于有机会向家人报平安，可是大部分人连电话都懒得打。

回国后，这些士兵相互断绝来往，更无友情可谈。据迈尔的描述，每个人在精神上都被关进了“没有钢筋和水泥的单身牢房”。

迈尔在战俘营发现了一种新病——极度绝望症。不少士兵会神志恍惚地走进自己的草棚，绝望地环顾四周，完全丧失求生的欲望。他会独自躲进一个角落，头上蒙一块棉毯，一声不吭地坐在地上。两天后，他就死去。

士兵们称这病为“破罐破摔”。医生起的名字叫“mirasmus”，照迈尔的说法，意思是“逆来顺受”。如果有人打士兵们，扇他们耳光，唾他们，他们就会被激怒，而他们的愤怒会激励他们求生。但是在没有任何激励的情况下，他们平白无故地死去。

尽管战俘营内并没有明显的酷刑，但“mirasmus”使战俘死亡率高达38%，创美国军事史最高。更令人吃惊的是，死者中有一半人并未患病，而是死于绝望。他们从精神到肉体彻底投降了。

这一切怎么会发生的？答案在于看守所使用的极度的心理战术。据迈尔所言，他们用的是战争的“终极武器”。

“终极武器”

迈尔称，看守们的目标是“阻止战俘们从相互交往中获得情感支持。”为此，看守们使用了四大战术：

❖ 相互告发

❖ 自我批评

极度的消极心态
使战俘死亡率
高达 38%，
为美国军事史之最。

❖ 瓦解对上级和祖国的忠诚

❖ 剥夺一切积极的情感支持

为了鼓励战俘互相告发，看守们给告发者香烟等奖励。但是看守们对违纪者和告发者都不加惩罚——他们鼓励战俘相互告发，此外还有一个目的，那就是破坏战俘之间的关系，挑起内讧。看守们深知，如果鼓励士兵们每天都从各自的水桶往外舀水，他们就会同室操戈。

为了推动自我批评，看守们将战俘们分成10～12人一组，然后实施迈尔所谓的一种变形的“团体心理治疗”。开会的时候，每个人都必须站在全体面前，当众坦白**他做过的所有坏事以及他应当做却没有做的好事**。

这一战术的核心在于，战俘们并不是向看守们，而是向他们自己的同伴坦白。通过暗中瓦解美国士兵的相互关爱、信任、尊重和宽容，看守们创造了一种环境，使友情的水桶流干和耗尽。

看守们使用的第三个战术是瓦解战俘们对上级和祖国的忠诚。为此目的，他们阴险地挑拨士兵与其上司的关系。

此举产生了恶劣的后果。一次，一名上校警告他的一个部下不要喝稻田里的水，以免染病，竟然遭到士兵的白眼。后者对他说："你早就不是上校了，而是跟我一样倒霉的战俘。你管好自己，少管我。"几天后，这个士兵死于痢疾。

还有一次，一名战俘将三个重病的同伴逐出草棚，40名战俘却袖手旁观，听任他们活活冻死。这些战友为什么无动于衷？因为这"不关他们的事"。由于关系破裂，战俘们不再相互关爱。

第四个战术是剥夺一切积极的情感支持，同时用消极的情感淹没战俘，此举堪称**最卑鄙和恶劣的舀水行为**。如果家人给一名士兵寄来鼓励的信，看守就会扣下。而所有消极的信，如通告某个亲戚的死讯，或妻子放弃等待，宣告再婚，都被立即交给收信人。

这样做的后果是极具毁灭性的：士兵们失去了生活的一切目的，以及对自身和亲人——更不必说上帝和祖国——的基本信心。迈尔说，看守们将美国士兵抛入某种"前所未有的情感和心理孤岛"。

研究积极心态

唐·克利夫顿被这一心理摧残的悲惨故事所深深触动，决心不让这些士兵白白受难和牺牲，于是，他和他的同事们决定进行一项与此完全相反的研究。他们想：既然持续恶化的消极心态能毁掉人生，那么，持续强化的积极心态会不会激励和升华人生呢？说到底，他们想知道：

积极心态的影响会不会超过消极心态？

CHAPTER TWO

第二章

积极心态、消极心态和工作效率

Positivity, Negativity, and Productivity

•HOW FULL IS YOUR BUCKET?•

虽然上述美国战俘所遭受的心理折磨不可能发生在我们大部分人的身上，但是，我们每天都在进行各种积极或消极的人际交往，而这些交往会影响到我们的心情和行为。尽管这些交往平淡无奇，但它们的作用不容低估。我们的大部分消极经历固然不会置我们于死地，却会悄然而持续地瓦解我们的健康和效率。所幸的是，积极的经历或“为水桶加水”能产生更强大的影响。

员工离职的头号原因：
他们得不到认可。

组织中的加水

虽然为水桶加水远远超出“认可”和“表扬”，但是要在组织中创造积极的情感，“认可”和“表扬”是至关重要的。关于这一点，我们在全球访谈了1500多万员工。我们分析后发现，经常受到认可和表扬的员工往往：

- ❖ 提高自身效率
- ❖ 增强同事们的敬业度
- ❖ 更愿意继续为所在组织服务
- ❖ 顾客满意度和忠实度更高
- ❖ 工作中安全记录好，事故率低

为了更好地理解上述结论，请你不妨回忆一下你在工作中受到的最高奖励。我们敢说，它使你对所在组织感觉良好，继而积极提高自己的工作效率。及时而有效的认可和表扬能迅速改进职场氛围。只要愿意更多地为别人的水桶加水，即使是一个人也能为整个团队注入积极的情感。研究表明，善于与部下分享积极情感的领导者所带领的团队往往心情更舒畅，对工作更满意，更敬业，整体效益更高。

肯是我们认识的一位CEO，声称为别人的水桶加水是他当领导的“秘密武器”。他发明了一些针对性极强的方法，在他所领导的大型公司中增强积极情感。肯在频繁的全球旅行中，经常走访各地的分部，不是为了“监视”员工或者仅仅与高层主管会面，而是为了给员工们打气。

肯在到达一个分部之前，总要回顾前几个月听说的该部员工所取得的成就。肯一到场，就会随意地拜访那些员工，向他们一一表示祝贺。如果一名员工新婚，或新近得子，或作了一次成功的演示，他都会特意表扬或奖励。他最喜欢说的话就是“我在背后听了不少关于你的好话。”在散播积极情感的过程中，肯最喜欢的是“目睹一股能量”在他的推动下“传遍整个网络”。他意识到，他能够通过几个短暂而煽情的交谈，为整个单位注入激情。

肯说：“我发现，为水桶加水是一个无比强大的领导策略。”由于采取了这一策略，成千上万的员工将他视为良师益友。

瓦解效率

毋庸讳言，事情都有反面。就目前而言，我们大部分人所给予或受到的表扬远远不够。结果，我们效率低下，甚至完全陷入怠工状态。美国劳工部发现，员工离职的头号原因是他们“得不到认可”。

但是问题不仅如此。

一项对医疗界的研究表明，如果员工为一个他们讨厌的上司工作，他们的血压会明显偏高。英国心理学家和心理医生乔治·菲尔德曼（George Fieldman）发现，此种源自顶头上司的高血压病会把冠心病和中风的风险分别提高六分之一和三分之一。

菲尔德曼说：“员工在为他们讨厌的上司工作时，血压会明显升高，其升高幅度具有统计和临床意义。而如果他们在自己格外讨厌的上司手下供职多年，就很可能因为长期高血压而患心脏病。”

从效率出发，一个组织最好让那些心态格外消极的人待

坏上司会把中风的
风险提高 33%。

在家里别上班，因为他们成事不足，败事有余。我们对这类人都不陌生。他们目光呆滞地在办公室里溜达，从一个座位走到另一个座位，没完没了地抱怨，唯恐天下不乱。

我们估计，仅美国就有2200万以上的员工心态格外消极或“完全处于怠工状态”。这种四处蔓延的消极心态不仅令人沮丧，而且代价高昂：每年，消极心态导致的低效率使美国经济损失2500～3000亿美元。如果加上工伤、病假、人员流失、旷工和欺骗行为，这一损失每年超过1万亿美元，相当于美国GDP的10%。这一问题并非美国所独有，而是不同程度地存在于我们研究过的每个国家、行业和组织里。

而我们的数字是保守的。为了精确估计损失，我们仅仅关注“怠工”员工在工作中的直接影响。我们对每个人的工作效率进行量化。我们在分析数据时，只能假设，每个怠工的员工只是坐在自己的座位上偷懒，而不是到处捣乱。无疑，这种假设是难以成立的。事实上，大部分怠工者每天都在拉着别人和他们的破船一起下沉。

怠工的代价：每年
2500 ~ 3000 亿美元。

一路下滑

为了说明这些数字，让我们来看一个例子，看看一点点消极心态是如何影响一名员工的。对劳拉的故事，想必你不会觉得陌生?

我站在众人前面，准备进行一场精彩的演示。为此，我连续两天熬夜准备。我对演示的题目了如指掌，充满热情，决心语惊四座，达到完美。我的开局很顺利，可是，突然出了一点技术问题，听众们开始窃窃私语。

我听到迈克对伯思说我看起来就像昨晚出去玩到半夜。我真想越过桌子把他掐死。我的形象真的那么狼狈吗?我力图保持镇静，但有点沉不住气了。

一项研究表明，
消极的员工会永久地
吓跑每个他们接触的
顾客。

技术问题解决后，我必须重振旗鼓，继续演示。我一边竭尽全力地重新吸引大家的注意力，一边却丧失了安全感。是不是我的开场白太枯燥，以至于他们不愿听下去，还是我的狼狈样瓦解了我的信誉？

最后，我的上司意识到我即将崩溃，便挺身收拾残局。不幸的是，他是这样说的，“劳拉看来生我们的气了，也许我们该给她面子。”见鬼！我有时真不敢相信人们会大声说什么混账话。至此，我的信心荡然无存，一蹶不振。

我们可能都有过这样的经历，无论我们如何努力，都于事无补。也许你觉得每个人都要算计你。你甚至会自惭形秽。如果你的水桶在漏水，你就会一路下滑。

你不仅会感到沮丧，而且会降低效率，同时难以自禁地从别人的水桶舀水，继而把他们都往下拖。当你用这种方式与别人交往时，他们会即刻感觉到你周身弥漫的消极心态，并受到侵染。说真的，这种传染力很强，躲是躲不过的。常有这样的事，一两个人就能毁掉一个单位的气氛。

消极的员工会吓跑客户

毫不奇怪的是，一个拼命从各自的水桶舀水的团队不仅效率和利润低，而且有更多的员工流失，事故更频繁，顾客满意度、创新和质量等指标都会下降。

消极的员工还会吓跑顾客。你不妨回忆一下自己给一家公司的顾客服务热线打电话而受到慢待的经历。事后，你很可能对自己发誓“我再也不会买这家公司的东西”。你如果真生气了，就会到处跟别人说，劝他们也抵制得罪你的公司。任何一个员工没把事做好，就会对公司产生这样的损害。

我们曾经对一家大型电信公司的客户服务中心的4583名

代表进行了研究，以求了解一名员工能对顾客产生什么影响。我们发现有三名代表每天只要跟任何一个顾客对话，就会把顾客吓跑，而且再也不会回来。可见，如果一家公司的员工从顾客的水桶舀水，问题是多么严重。说真的，**对公司来说，还不如让这些代表拿全薪在家待着**。

所幸的是，我们在研究中还发现了七名优秀代表，他们每接待一名顾客，就赢得一份忠诚。也许你曾有幸与这样的代表交谈。他会悉心倾听你的问题，迅速提出和实施解决方案，使你觉得受到尊重和关心。事后，难道你不会对别人夸赞这样的一流服务吗？时至今日，难道你不是一名忠实顾客吗？

认可的缺位

经理们注意：在大部分工作单位，表扬是很少见的。一项调查发现，高达65%的美国人声称，过去一年中他们没有

过去一年中，
65%的美国人
没有因工作出色
而受到表扬。

因工作出色而受到表扬。而且我们迄今从未遇到一个因被表扬过度而遭罪的人。尽管我们需要和渴望认可和表扬，但事实上，我们所受到的表扬远远不够，继而使组织也受到损害。

大部分组织建立正式的表扬制度，是因为某个高层领导认定，每月或每季度举行一次奖励仪式有助于提高员工士气。这听起来不坏，对吗？结果，不少组织都开始评选“月度明星员工”。

开始几个月，这样做可能不无效果。通常情况下，总有几个明星员工一直在出一流的业绩，却很少得到表扬。现在，对他们当众表扬，是恰如其分的。

但过了一段时间，一个无法躲避的问题开始困扰管理层：下一个月度明星该谁了？一旦主管们达成妥协，就会有一位幸运的经理站到众人面前，对获奖者说一通往往言不由衷的好话。如此忙乎了半天，“获奖人”和授奖人都在逢场作戏，毫无真实感。

最终，无论实际业绩如何，每个人都被提名为“月度明星员工”。他们笑容可掬的照片挂在大堂里。

但是这一切都是大锅饭，而且每个人对此都心知肚明。毋庸讳言，最后被奖励的员工是最丧气的。这还用说吗？管理层等了好多月，也可能等了一年多，才开始夸奖他的“出色表现”，这种感觉跟体育课上最后一个被选为球队队员差不多。

当然，有些组织的确进行有意义的、论功行赏的和个性化的奖励。（在第六章，我们将提供一些建议，帮助你这样做。）

诚恳地为各自的水桶加水有助于增强任何一个组织的士气。只要经理和员工都能主动地散播积极情感，即使一点一滴，也会产生立竿见影的效果。而且这不需要你花大钱，甚至可以不花钱。唯一需要的是一点主动性。

CHAPTER THREE

第三章

分分秒秒都重要

Every Moment Matters

•HOW FULL IS YOUR BUCKET?•

通常情况下，我们不会刻意去思考短暂交往的作用。但是，每天我们都经历数百次这样的交往。有三个孩子的单身母亲塔米就是一个例子：

我每天的生活都是在一片忙乱中开始的。我梳洗打扮时，孩子们闹着要吃早饭。虽然我的八岁和十一岁的孩子有麦片就满意了，但六岁的小女儿非要在烤面包上加花生酱和香蕉。不得已，我让步了，给她烤了一片，然后大家坐下来吃饭。小女儿刚咬了一口，就把面包片掉地上了。如同一段慢动作的电影，我眼看着面包落地——厚厚的花生酱朝下。哥哥大叫："你闯祸了！"姐姐说："这是给你吃的，你这笨蛋！"我也加入指责，重复一句她早就知道的话——下次一定要当心。

我们不妨想想这个六岁孩子的处境。如果塔米此时在她的大脑里迅速按下"暂停"键，然后对她的小女儿讲一些鼓励的话，而不是对她的小失误大喊大叫，会怎样？塔米的一天在继续：

经过一番挣扎，我终于把上学的孩子们送出门，然后去上班。我驱车进入停车场时，觉得可以松口气了。我奇迹般地发现前排居然有一个空位，于是略踩油门，以求抢在其他快手之前。不出所料，我刚动作，另一名司机也产生相同的念头。尽管我知道是自己先到，可我还是客气地向那位女士挥手致意，然后向停车场的后排驶去。事后，我去办公楼的途中，发生了一件意想不到的事。那位女士特意等在门口，为我开门。她自我介绍，然后感谢我的善意。结果，我俩友好地聊了一阵。

短短几分钟，两位女士的水桶都加了水。塔米继续说：

我走进办公室，在自己不起眼的座位坐下，然后查看电子日程表。我看到上午十点的安排是“与比尔进行绩效评估。”我的心骤然下沉，真想马上请病假回家，因为我知道等待我的是

10 个人中有 9 个会说，
与心态积极的人在一起
会提高他们的效率。

什么。比尔是我的顶头上司。他昨天一定找过我的所有同事，了解我有什么“改进的机会”。不出所料，谈话证实了我的担心。比尔列出了八个方面，要我在六个月内努力改进。他对我近来取得的成绩只字不提，而上周我为完成一份重要的项目建议书就花了七十多小时。我们谈话时间并不长，可我觉得好像过了好几天。我从他办公室出来时，心情真是坏透了。我问自己，为什么还在这家公司干？

短短一会儿，比尔几乎把塔米的水桶舀干了。塔米继续说：

后来，我在走廊里遇到卡任，她是一名公司高管。我们上周曾为那份重要的建议书进行过短暂合作。我从卡任身边走过时，她突然说：“你好，塔米，上周建议书的结尾部分你写得真好。”她居然能记住我的名字，使我大为惊讶。我的同事中，有一半以上叫我塔玛拉，而我并不喜欢这样的叫法。

本来，卡任只说“你好，塔米”就足够了，但是她还对塔米进行了诚挚而具体的夸赞，这使塔米喜出望外。塔米的水桶立刻加满了。有趣的是，卡任可能认为她不过是顺便说句好话，并没有想到会产生如此积极的效果。

我们的消极文化

在生活中，我们大部分人都需要更多的积极情感。我们希望有更多像塔米偶遇卡任时的感觉，而不是她做完绩效评估后的感觉。不幸的是，仅仅想要一个更积极的环境是不够的。我们大部分人成长在这样的文化环境中：指责人们的缺点比夸赞他们的成功要容易得多。虽然这种消极的传统并非故意形成，但它一旦形成，便充斥社会的所有角落。

这种对缺点的关注在我们的学生经历中尤其突出。大部分家长往往不赞美孩子的与众不同之处，而强迫他们“随大流”，以免“出头”。尽管家长们用心良苦，但无意中扼杀了孩子的特性，使他们陷入平庸。

我们的学校则增强了这种思维。学校通常设立所谓的“核心课程”，要求所有学生完成，而无视每个学生的兴趣和才干。如果一个学生有一门课学得特别好，得了A，结果怎样？教师和家长不会认可和发展学生的强项，而会跳过这个A，转而关注如何改进得低分的弱项。在校长或导师中，很少有人会把“学生叫进办公室”讨论他们的高分。

盖洛普曾经进行过一项涉及多个国家和多种文化的调查，了解家长们对学生强项和弱项的关注情况。我们问家长们：“如果你的孩子各科成绩如下：英语——A；社会研究——A；生

国家	关注A	关注F
英国	22%	52%
日本	18%	43%
中国	8%	56%
法国	7%	87%
美国	7%	77%
加拿大	6%	83%

物——C；代数——F。请问你最关注哪项得分？”每个国家的绝大部分家长都关注F。

不幸的是，家长们迫于竞争压力，更关心“如何让我的孩子上大学”，而不是思考什么是儿女们发展的最佳途径。这并不是说，家长们应当无视代数的F。但是他们为什么不先表扬孩子得的A，然后再思考如何改进这个F呢？如果家长们能用这种较为积极的方式开始，他们与孩子的讨论就会更有成效。

至少，当学生从学校毕业，走上工作岗位时，他们就有机会做他们想做的事——对吗？他们终于能够追求自己的理想了。然而，这种情况只发生在极少数幸运儿身上。不幸的是，大部分年轻人初次就业时，并不取决于他们的天生才干是否与他们的工作相匹配。

你不妨回忆一下你所从事的第一份正式工作，以下情形是否觉得熟悉：从本质上说，你是被雇到一个岗位上，雇主期待你改变自己，以便适应你的角色。如果你遇到困难而挣扎，就会送你参加专门培训，以求“解决问题”。这种纠错补缺的做法从学校到职场，跟随我们一生。

他们错过了

80多年前，教育和心理学界忽视了一项重要的研究，其意义甚至可能引发教育和学习的革命。由于这一疏忽，我们很可能遭受了长期的损失。

研究是伊丽莎白·赫洛克博士（Elizabeth Hurlock）于

1925年实施的，其目的在于了解不同的反馈对四年级和六年级数学班的学生有什么影响。赫洛克想知道，对学生表扬、批评或不予理睬，哪种方法更有效。衡量结果的方法是，2、3、4、5天后，每个学生解了多少数学题。

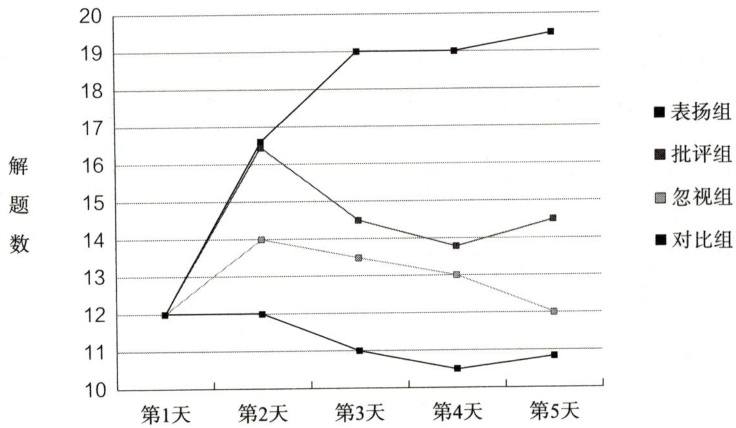

第一组的学生成绩好，在全班点名表扬。第二组的学生成绩差，被当众点名批评。第三组的学生则被完全忽视，只是目睹前两组的同学被表扬或批评。第四组是对比组，在第一次测验后被转移到另一间屋子。这组学生参加了相同的测验，但对他们的成绩没有评价。

第一天后，受“表扬”和“批评”的学生都有进步。其后，他们的表现发生剧烈改变。受批评学生的测验成绩明显下滑。至第3和第4天，他们的成绩与被完全忽视的学生相同。

相比之下，被表扬的学生从第2天起成绩明显提高，直至研究结束。到了实验的第五天，表扬组的成绩明显高于其他组。各组的整体改进情况如下：

表扬组——71%

批评组——19%

忽视组——5%

你或许会想，这一研究一定在心理学和教育界引起轰动。但事实并非如此。直到最近，科学界的研究焦点几乎完全是消极经历或心理创伤的影响。现在，这一焦点终于开始改变了。一些世界顶尖的学者开始用毕生的精力研究积极情感的影响。

这些近期的研究表明，消极情绪会损害你的健康，甚至缩短你的寿命。我们已经知道，一个消极心态严重的人能瓦解一个团队；我们还应知道，消极情感还会毁掉友情、家庭和事业。

我们每天经历
大约 20000 次
个人瞬间。

相比之下，其他的研究发现，积极情感是日常生存所必需的。它们不仅能增进你的生理和心理健康，而且有助于抵御抑郁和疾病。

每天的数千个瞬间

获得诺贝尔奖的科学家丹尼尔·卡内曼（Daniel Kahneman）指出，**我们每个工作日都经历大约20000次个人瞬间**。每个“瞬间”持续几秒钟。你如果关注任何强烈的记忆——积极或消极——就会发现，你心中的景象实际上取决于你对某个时间点的精确记忆。中性的遭遇是很少进入你的记忆的——值得记忆的几乎始终是积极或消极的经历。在一些情况下，一次遭遇可能改变你的一生。

在最近的一次“今日”节目中，卡蒂·库里克（Katie Couric）采访了一个名叫布赖恩·贝内特的年轻人，他从小在一个恶劣的环境中长大。他在学校一度成绩很差，很小的

神奇的比例：
5 个积极的交往对
1 个消极的交往。

时候经常遭人戏弄和欺负。而现在，布赖恩是一个心态正常、举止得体的成功人士。库里克问他："原因何在？"年轻人不假思索地回答，他的人生转折点发生在小学的一天，一名教师对他说，她很关心他，而且对他充满信心。就是这次短暂的接触，改变了布赖恩·贝内特的一生。

还有一个例子。我们问一个名叫克里斯丁的管理顾问："迄今为止，你所受到的最难忘的表扬是什么？"她回答："一封电子邮件里的三个字。"我们后来发现，克里斯丁的母亲去世时，单位里一名她始终十分敬重的前辈特意给她写了一封信。结尾处，这位前辈写道："你妈妈为你骄傲，**我也是**。"克里斯丁为公司服务了25年，她一生受到的所有表扬中，最令她珍惜和难忘的就是这简单的三个字。

神奇的比例

当然，人生中很少有影响如此深远的瞬间，但是不少人

太多的积极情感？
如果积极交往与消极交往
的比例超过13：1，
效率就会下降。

际交往即使没有这么深刻，也是有意义的。积极心理学专家们发现，短暂而积极的行为的频率是至关重要的。约翰·戈特曼（John Gottman）对婚姻的开创性研究发现，积极交往与消极交往之间有一个神奇的5：1比例。戈特曼发现，如果一对夫妻之间的交往接近5：1的积极与消极的比例，他们的婚姻成功率就大大提高。而当比例接近1：1时，就“离离婚不远了”。

在一项引人入胜的研究中，戈特曼还与两名数学家合作，测试上述模型的信度。他们招募了700对刚领结婚证书的夫妇。研究人员录制了每对夫妇之间15分钟的对话，并计算其中的积极和消极的片断。然后，他们根据5：1的比例，预测每对夫妇的关系能否持久。

十年后，戈特曼和他的同事们重访各对夫妇，以验证他们当年预测的精确度。结果令人瞠目结舌。他们对离婚预测的准确度高达94%，而预测的基础就是对夫妇15分钟交谈的打分。

这一比例在职场也是至关重要的。一项研究表明，积极延年益寿：

增加积极情感

能延长寿命 10 年。

与消极交往的比例高于3∶1的团队的效率明显高于低于这一比例的团队。值得注意的是，根据弗雷德里克森（Fredrickson）和洛萨达（Losada）发明的数学模型，积极与消极交往的比例还有一个上限：如果比例超过13∶1，情况反而会恶化。

所以，虽然本书主要关注通过各种方式来增强积极情感，但有必要提醒读者，我们并不提倡漠视弱点；**积极情感必须植根于现实**。完全无视事物负面的“傻乐”会导致一种没有根据的乐观主义，不仅于事无补，有时还令人厌恶。生活中常有这样的时刻，要求我们务必纠正错误，设法控制弱点。

但是我们大部分人无需担心突破上限。大部分组织中，积极交往与消极交往的比例十分低下，大有改进的余地。

积极情感能延年益寿

消极情感后果严重。数千项研究表明，压力、愤怒和敌意会伤害我们的身心。相反，积极情感有助于预防疾病和抑郁。它们还能帮助我们更快地克服病痛和心理创伤。而且，积极情感能延年益寿。

一些研究人员持续30年跟踪研究一家诊所的839名病人。他们发现，善于乐观地对待生活事件的人中，早年死亡率低。还有一项标志性的研究，对象是180名老年的天主教修女，发现心态积极的修女比心态消极的修女明显长寿。研究人员研究了每个修女二十多岁时手写的自传，并统计其中对积极情感的表述，然后与她们75～95岁时的死亡率比较。

结果令人吃惊。声称经历过更多积极情感的修女平均多活大约10年。更惊人的是，25个缺乏积极情感经历的修女此时已经去世，而积极情感较丰富的那组修女中，只有10人去世。

为了更好地说明这一发现，请你不妨考虑一下，研究表明，吸烟使男性和女性分别减寿5.5和7年。因此，就减寿而言，消极情感可能比吸烟还有害。对于消极情感，医生并没有发出警告。他们应当发出警告。

生理和心理健康效能

除了帮助我们延年益寿以外，积极情感还能增进我们的日常生理和心理健康。一项对哈佛毕业生的研究表明，年轻人如何解释生活中的负面事件——悲观还是乐观——预示了其几十年后的健康状况。具体地说，**早期的乐观预示了晚期的健康**。

其他研究也表明，乐观心态能预防感冒或缩短其病程。一些分析血液的研究表明，乐观主义者有更多的T4或“助手”细胞来抵御感染。乐观的人每年看病不到一次，而悲观的人每年看病超过3.5次。增加生活中的积极情感甚至能帮助你减少医药费。

显然，积极情感直接影响我们的生理健康。那么，它们对我们的心理健康和人际关系有什么影响呢？

巴巴拉·弗雷德里克森（Barbara Fredrickson）是密执根大学积极情感和心理生理学实验室的主任，她对这一主题进行了大量研究。她说：“积极情感的作用不仅仅是发出健康的信号。积极情感还帮助你应对困难，继而创造健康。它们不仅在当前的快乐瞬间起作用，而且长期起作用……**积极情感不是可有可无的奢侈品**，而是优化生活的必备条件。”

弗雷德里克森认定，积极情感：

- 帮助我们抵御消极情感并消除其影响
- 帮助人们增强韧性，进入良性循环
- 开阔我们的思维，推动我们发现新思想和新策略
- 消除种族隔阂
- 帮助组织和个人优化功效
- 增加我们的生理、智力、社会和心理资源储备，以应对艰难时刻
- （当一个团队的领导表达更多的积极情感时）改进团队的整体绩效

看来，科学界刚刚开始探究这一题目。在对精神疾病进行了几百年的研究之后，专家们终于开始调查并力图测量精神健康。

CHAPTER FOUR

第四章

汤姆的故事：一只加满的水桶

Tom's Story: An Overflowing Bucket

•HOW FULL IS YOUR BUCKET?•

你在阅读本书的时候，可能会想："人们的心态是积极还是消极，是不是遗传所致，因而难以改变？"提这样的问题是可以理解的。我们都遇到过一些看起来（可能就是）生来就消极的人。而且你肯定还见过一些天生就非常积极的人。

在这个问题上，科学界始终看法不一。一些研究表明，积极或消极心态主要是先天的；而另一些研究则声称，它们是后天形成。目前，最流行的理论认定，先天和后天都起到重要的并可能是相等的作用。

著名心理学家埃德·迪纳（Ed Diener）指出，我们感受快乐的能力有一条“底线”，就像我们的体重一样。有的人天生就瘦，无论他们怎么吃；同理，有的人天生就比其他人快乐。但是，取决于我们一生中的遭遇，我们的积极情感会大幅度地涨落。

无论一个人天性如何，经常为水桶加水都能增加他或她的积极情感。为了说明其长期作用，我想与大家分享一个自己的故事。

一个生日礼物

我和唐开始合作写书后不久，唐的生日快到了。鉴于我们在合写一本关于积极情感的书，我决定给他写一封信，描述一下为水桶加水对于我自己一生的重要性。我想，这样的生日礼物肯定比一般礼物更有意义。我还想，鉴于唐正在与癌症作斗争，现在是一个好时候来表达我的谢意。

我记得，我很小的时候，唐说过，我们应当在一个人还活着的时候，聚在一起夸赞他的成就。他之所以这样想，是因为他多次出席葬礼时，悲哀地发现，许多人一直等到他们所爱的人去世时，才开始慷慨地为他们的水桶加水。唐问道："为什么不在他们活着时这样做呢？"

于是，在唐79岁生日时，我与他分享了我自己的故事。他读到我的信时，感动得热泪盈眶。几天后，唐问我，愿不愿把这个故事写进书中。他觉得，这是一个持续为水桶加水的好案例。我同意了。

以下就是我在唐生日那天告诉他的故事。它描述了持续地为水桶加水如何在我年少时影响了我的人生轨迹。

搜寻才干的蛛丝马迹

在我们的大家庭中，我是第三代的第一个孩子，从小就受益于一种独特的、与当时的传统智慧背道而驰的育儿方法。从我出生之日起，每个家庭成员都决心帮助我关注我的优势。

为此，他们持续提供了支持和鼓励。

我四岁时，我的母亲和外祖母发现我酷爱读书，便每天花好几个小时教我读书。她们的教导、培养和关注使我受益匪浅。

每次有亲戚来访，他们都会问我在读什么书或喜欢什么活动。现在我明白了，他们是在寻找我天生爱好和才干的蛛丝马迹。家人每次发现我对某个领域的强烈兴趣，就会鼓励我钻研它。我八九岁时，他们发现我有一种创业的精神。不久后，我的外祖父唐建议我开办自己的公司。我喜欢这主意，决定开一个零食铺。

几个月后，我的“娃娃公司”发展顺利。由于经营规模扩大，我们不再从当地的批发商进货，而改与一家大型糖果分销商合作，后者同意给我们批发价，并送货上门。我们的经营范围后来超出了零食，开始销售服装和小商品。我12岁时，公司雇请了我的20多个同学，赚了几千美元的利润，由大家分享。公司成立几年后，上了当地报纸的头版，还被全国性媒体报道。

所有这些关爱和真诚的加水行动对我的生活产生了深刻影响。我的水桶始终是满满的，而这使我能专注地为别人的水桶加水。每个月末，我都根据每个人的销售量发奖品和奖金。在我的水桶加满的同时，我的朋友、亲人和每个年轻的同事都受到鼓舞，这真叫人高兴。

在我上学的全过程中，家人继续给予我积极的鼓励。我的父母每天都问我喜欢什么课程和课外活动。我的音乐课和美术课没学好，他们从不批评，而是鼓励我花更多时间去学我喜欢的科目。他们发现，我很善于分析，喜欢数据和时事，于是建议我多花时间学习数学和社会科学。尽管我的这些课已经得了A，但我的家人认为，如果我在自己喜欢的科目上多下功夫，就会从我的教育中得到更多的回报。

与我的大部分老师和朋友的家长不同，我的父母并不期望我全面发展。鉴于我天生就没有节奏感，他们明白，逼我上好音乐课是徒劳的。我至多达到平庸。我们家乡有一句俗话："别教猪唱歌。你白费功夫，猪还不高兴。"作为一名小小年纪的学生，我发现这话具有解放性。没人逼我琴棋书画样样在行。相反，我能专注于在我有天生才干的领域出彩。

一个安全而温暖的家庭

我记得小学时到一个朋友家里去，那里的气氛与我自己的家相比真有天壤之别。我们放学后，兴致勃勃地走进家门，可他妈妈一见面总是这么几句话：

"我让你带同学回家了吗？"

"你在学校又惹事了吗？"

"你可别考砸了！"

也许她有时这样说是有道理的，但是使我吃惊的是，他妈妈一出口总是这些消极的话。我的另一名同学每天回家都会在床头看到一张手写的条子，写着"你必须改进态度"之类的话。起初，我以为这些朋友的家庭一定不正常。但是随着时间推移，我发现这很平常。回想起来，我似乎明白了，为什么我小时候的朋友老到我家来。

应对一次严峻的挑战

我的生活就这样积极而乐观地继续着——直到我16岁。到了那时，我的左眼视力突然下降，继而遇到了一生第一个大障碍。

医生们在我眼中发现了好几个肿瘤，随即对我实施了数次大手术。一年后，我的左眼完全失明——而且是永久性的。不仅如此，我的病情表明，我患有一种“基因异常”，会阶段性地导致全身出现肿瘤。经过一次DNA测试，医生们确定，我患有一种极为罕见的疾病：希佩尔林道病（von Hippel-Lindau disease）。结果，我的胰脏、肾脏、耳膜、肾上腺、大脑和脊柱都可能无缘无故地长肿瘤。

我听到这一结果时，既吃惊又紧张。但是，在某个层面上，使我吃惊的倒是，我并没有因此而沮丧。从那一天起，我的家人帮助我专注于为战胜疾病而能采取的行动，而不是屈服于疾病无法控制的消极面。尽管我很恐惧，但我从未陷入抑郁。在一个关键时刻，亲人真诚的关爱和鼓励对我产生了神奇的影响。

在我的疾病确诊一周内，我就开始四处了解如何控制和应对它。回想起来，关键在于我没有把我的确诊看成某种诅咒或死刑。相反，我把它看成一种机会，使我能行动起来，保持最佳健康状态。通过不断了解这一罕见的疾病，我发现大部分可能发生在我身上的肿瘤是可以通过早期发现和治疗来控制的。我决定，通过定期检查来衡量我的进步。

与此同时，我的生活一切照常。我的日常生活毫无改变。在后来的几年里，只有到了6～12月一次的检查时，我才会想到自己的病情。毋庸讳言，我在等待每次核磁共振和CT检查结果时，都会坐立不安。但是，我设法把这些感觉保持在可控范围内。在许多方面，我的信心和精神比以往任何时候都更强。

我的诀窍是正面应对这些挑战。我不敢说，当时的态度是完全自觉的，但是我从不让这些问题压倒我。十年后，我的好朋友承认，他们当时是多么恐惧和担心。但是，他们也会回忆，我对病情处之泰然，使他们大惑不解。但是这并没有什么神奇或费解的。朋友和亲人每天为我的水桶注入的水滴帮助我储存了足够的水，足以用来度过艰难时刻。

充沛的积极情感

不幸的是，新的挑战在等着我。

大学高年级时，一次检查发现我的肾上腺长了一个肿瘤。五年后，医生发现我的肾脏也有恶性肿瘤。我在写这本书时，扫描检查发现我的胰脏、肾上腺和脊髓都有新的肿瘤。

每次结果出来，我都产生了恐惧和挫折感，但是获知这些肿瘤在转移到其他器官之前就被发现，又使我如释重负。我对疾病的警惕有了成效。每个病灶都能进行手术控制。于是我针对每个病灶阅读了大量的文献，以求充分了解各种手术方案及其风险。我的所有精力都集中在能做什么，而不是关注已经发生的或我无法控制的事。

时至今日，我从未问过："为什么这一切发生在我身上？"

说真的，我虽然也有受挫感，但从没有怨天尤人，而这两者是十分不同的。我没有理由两手一伸，坐以待毙，因为这无济于事。再说，这样沉沦只会瓦解我的情感和生理健康。虽然各种癌变每天都威胁着我，但我别无出路，只能关注下一步能干什么，走在疾病前面。而我可以诚实地说，由于亲人和朋友始终不渝的积极支持，要保持这种日常的心态并不难。

我的故事无疑是给水桶加水的一个极端的例子。我如果第一次读到这个故事，甚至会觉得牵强。但是我向你们保证，每个字都千真万确。鉴于我还在与疾病斗争，这种高度的加水实际上是在救我的命。

我们在人生道路上都会遇到严峻的挑战。这种时候，我们往往会觉得“倒霉”，觉得世道不公。但是，我们无需受制于困难。我们对困境的反应和我们的心理状态要重要得多。积极增强我们的自身优势能帮助我们避免被消极情感所压倒。面对困境，了解我们有什么优势不仅能帮助我们生存，而且能帮助我们茁壮成长。

CHAPTER FIVE

第五章

认可和表扬要因人而异

Making It Personal

•HOW FULL IS YOUR BUCKET?•

诚然，你刚读到的故事是很特殊的，但是对于成千上万的人来说，经常为他们的水桶加水会改善他们的生活状态，提高他们的效率，这样的例子举不胜举。事实上，在优秀的工作单位，这种情形每时每刻都在发生。

还记得第二章里那位热心为你排忧解难的顾客服务代表吗？假设你对他印象深刻，继而询问他的姓名。假设你还给“泰德”的主管打电话，赞扬他的优秀表现。你一边描述他“友好的声音”和“手到病除的技巧”，他的主管一边忙不迭地记录你的话。

半小时后，泰德又接待了一名顾客，使他转怒为喜（是的，他每天都这样做），这时，他收到了上司发来的一封电子邮件。

泰德打开信件时，首先注意到，他的上司把它抄送给了与泰德关系密切的一群同事。信的题目是：“你今天干得漂亮”。泰德的目光迅速移向正文，见上司一五一十地讲述他如何赢得你的忠诚。上司在为泰德和他的同事们描述这一场景时，数次引用你告诉他的话。他在结尾指出，泰德的行为不仅满足了一名顾客，而且“为一个人的一天增色许多”。

泰德在读信时，忍不住绽放笑容。尽管他忙了一整天，还遭到数名顾客的数落，但这封信使他热情高涨。

泰德的主管深谙为水桶加水的诀窍：认可和表扬唯有因人而异、具体和名副其实时才是最有感染力的。显然，他深知，写一封电子邮件并把它抄送给泰德的同事们会把泰德的水桶加满。也许，泰德的主管还知道，这种方法不适合于泰德的一些同事，因为他们更喜欢别的表扬，可能是私下拍一下肩膀，也可能是会上当众夸奖一番。

问题的要点是，给每个人的水桶加水必须使用因人而异的方式。大而化之的奖励是无效的。牵强或虚假的认可也没用。

有时，你以为某种表扬会激励一名员工，没想到事与愿违，叫你无法收场。

大煞风景

让我们来看一个真实的例子。苏珊是一家大型保险公司的经理，手下有一名出类拔萃的客户服务代表，名叫迈特。盖洛普几年前曾为这家公司提供咨询服务。苏珊提升为这家公司的一个部门经理时，很快就意识到，她要成功，就必须激励手下的客户服务团队改进绩效。

苏珊自己也当过客户服务代表，她酷爱赢得重奖，并当众接受同事们的喝彩。在工作中，她会不时抬头看看挂在墙上的奖状，回味受奖时的激动心情。她觉得这来劲极了。

于是，苏珊决定举行一次隆重的仪式，来奖励她手下的顾客服务代表。她为此挑选了全市最高级的酒店，把代表们和他们的家属都请来。她还特意雇请了一位著名的演说家兼大腕歌星助兴。

最后一项日程是奖励当年的明星代表。苏珊刻意把首屈一指的迈特排在最后，以此突出他的地位。她想把为他授奖作为当晚的压轴戏。面对台上用布蒙着的奖品架子，人们议论纷纷，翘首以待。

苏珊希望，这次奖励将激励迈特来年再创佳绩，所以，她在宣布迈特为当年的状元之前，不厌其烦地一一列数迈特的成绩，对他赞不绝口。然后，她把奖品上的盖布揭开，一边把奖品高举过头，一边高喊迈特的名字。苏珊精心设计了好几个星期的时刻终于到了。她甚至想象到了迈特喜出望外的表情。

然而，使苏珊大吃一惊的是，完全相反的事情发生了：迈特勃然大怒！他脸上的痛苦表情和充满敌意的肢体语言是不言自明的。

怒气冲冲的服务代表走到话筒前，当众宣布，他根本不想要这个奖品——那不过是个盘子，对他毫无意义。再说，他已经有了一堆，早就不想要了。

这天晚上是苏珊一生最悲惨的时刻。不仅这场闹剧伤及团队的士气，而且苏珊必须想方设法赢回她的明星客户代表的信任。于是，苏珊在克服了最初的震惊后，开始思考将来如何奖励迈特。

量身定做的方法

苏珊开始了解迈特的情况。她发现这位明星员工最喜欢的是他的两个女儿。迈特每次谈起她们都眉飞色舞。在办公室，他一有女儿的新照片就到处炫耀。

第二年，迈特再次成为客户服务状元。苏珊决心把这次奖励仪式办好。她拜访了迈特的夫人，请她秘密带两个女儿到当地最好的照相馆，拍了一张正式的肖像。

隆重的夜晚来临时，一切就绪。苏珊向大家介绍了一个十分特殊的人，不仅是一个明星客户服务代表，而且是一个对家庭充满爱的人。接着，苏珊为迈特两个女儿的美丽照片揭幕。

迈特立刻奔上讲台，热泪盈眶地与苏珊拥抱。在场的每个人都为之感动。对迈特来说，再也没有比这更有意义和更充满个人色彩的奖励了。它永久地改变了他对上司和自身工作的看法。

个性化、个性化、个性化

此事的启示是不言而喻的：如果你想要别人知道，你珍视他们的贡献和价值，那你对他们的认可和表扬就应当是因人而异的。

个性化的加水不仅更能提高团队的效率，而且能建立长久的关系，继而永久地改变人们的一生。

CHAPTER SIX

第六章

增进积极情感的五个策略

Five Strategies for Increasing Positive Emotions

•HOW FULL IS YOUR BUCKET?•

为了在你和别人的生活中增进积极情感，你必须养成为水桶加水的习惯。这对于你已不是新闻了。现在，我们已经知道，如果我们不断增加我们周围的积极情感，我们的人际关系、职业生涯和整个人生就会更加成功。

但是，仅仅知道这一点是不够的。如同生活中的任何目标，你必须制定具体而现实的计划，来把良好的愿望变成事实。于是，我们查看了我们数据库中针对这一问题的4000多个开放式访谈的记录，归纳出五个最可能产生效果的策略。

在本章中，我们将一一探讨这五个增进积极情感的策略。

在本书的最后，你会发现一篇有关在你的团队和组织中实施这些策略的指南。你可以把指南拆下来，在团队集体活动时使用。

五个策略
The Five Strategies

策略一
STRATEGY ONE
防止从别人的水桶舀水
Prevent Bucket Dipping

策略二
STRATEGY TWO
夸赞优点
Shine a Light on What Is Right

策略三
STRATEGY THREE
交最好的朋友
Make Best Friends

策略四
STRATEGY FOUR
给一个惊喜
Give Unexpectedly

策略五
STRATEGY FIVE
颠倒“金科玉律”
Reverse the Golden Rule

策略一
STRATEGY ONE

防止从别人的水桶舀水
Prevent Bucket Dipping

我们在储蓄前，必须清理债务。同理，我们在相互加水前，必须停止从各自的水桶舀水。

我们的一个熟人在听完勺子和水桶的理论后，决定试一回。他首先要寻找一种方法来防止自己从别人的水桶舀水。于是，他养成了一个简单的习惯，每次与人交往时，都问问自己是在为别人的水桶加水，还是从他们的水桶舀水。他告诉我们，一开始，要这样做十分不易，但是坚持一段后，他的努力开始奏效。通过及时阻止自己发出消极的言论——有时替换为积极言论——他开始使自己和周围的人感觉良好。

未来几天里，你应及时识别自己从别人的水桶舀水的行为，并立即制止。回顾你最近的人际交往。你有没有开过某个人的玩笑？触及他的不安全感？不顾情面地指责他的错误？如有，你下次就应及时去按大脑中的“暂停”键。

你一旦成功地控制了自己的舀水行为，就应鼓励身边的人做出相同的改变。你的团队和班级里，有没有人喜欢没完没了地指责和嘲笑别人？你有没有发现他们抱团，“合伙”从别人的水桶舀水？下次你再看见舀水的行为，务必采取行动制止。你要说服他们，无缘无故的指责和抱怨只会把事情弄糟。

你一旦自觉地停止舀水，就应通过给每次人际交往打分，来记录你的进步。回顾你最近与一个人的交往。判断每次交往从整体看是积极还是消极的，然后据此给每次交往打“+”或“−”分。如果你需要，可以把它写下来。你的大部分交往是积极还是消极的？

现在，请你考虑为你的朋友、亲人、同事和其他人的水桶加水需要做什么，并问自己："要达到第三章所描述的五个积极交往对一个消极交往的'神奇比例'，我该如何行动？"

策略二
STRATEGY TWO

夸赞优点
Shine a Light on What Is Right

我们每次与人交往，都是一次夸赞优点和加满水桶的机会。

我们的一个朋友最近发现了关注优点的威力。她对婚姻生活不满，没完没了地逼丈夫改变行为。但他见她就躲，而且在她抱怨时，拼命进行自我辩护。于是，她更对心烦的事情横加指责，希望引起他的注意。但事与愿违，她发现情况更糟了。

她意识到，一味告诉丈夫他多么让她失望毫无效果。于是，她尝试另一种做法：开始关注他做好的事以及他的可爱之处。她虽对此并无信心，但觉得试试无妨。你猜后来怎么着？几天后，她丈夫回家后心情变好了，也更愿意与她交往。结果，她对他的积极态度为他的水桶加满了水，同样，他对她的关爱也开始为她的水桶加水了。

但是她最没想到的是，通过关注优点，而不是揪住缺点不放，她自己的心情也好多了。而这使她在与别人交往时态度更加积极。几周后，他们夫妇俩开始把他们新获得的活力传递给朋友和同事。

我们千万不要低估为别人加水的长期效应。一位专家说，积极情感会创造"连锁的人际关系"，产生你未必能亲眼看到，但千真万确的持久效果。

每次你加满一个水桶，就会产生连锁反应。

让我们来设想一下：如果你每天加满两个水桶，这两个水桶的主人接着为两个新水桶加水。如此发展，到了十天后，就会有一千多个水桶被加满。所以，让我们延续这个链条：如果有人为你加水，你就应表示欢迎——千万不要视而不见，贬低对方的好意。通过说声“谢谢”，你要向对方表明，你珍视他的认可和表扬。同时，你会更愿意与别人分享你更加充沛的积极情感。

你想知道，与别人相比，你在加水上做得怎样吗？在我们的网站上，有一个为此目的而专门设计的测试，由15个问题组成，叫作“积极影响测试”（Positive Impact Test）。测试旨在帮助你判断，你是否经常为别人加水；其中的问题从不同的角度对你的进步进行评测。我们鼓励你立即进行这一测试来获得一个初次得分，说明你对周边有较低的影响，有一些影响，还是有较高的影响。测试结束后，你将得到一份“积极影响测试报告”，上面有你的得分，以及你与一次盖洛普调查中别人得分的比较。

你如果初次得分较低，不必担心。测试的目的在于向你提供一个测量工具，来帮助你持续改进。为了更自觉地增进你的加水效果，我们建议你把网站上的问题打印出来，用来指导你持续改进。

如果你希望将你的得分与朋友比较，就鼓励他们也进行

"积极影响测试"。在你的团队、朋友和家人中评选加水的明星，一定很有趣。现在就试试，几个月后再测一回。看看你的得分是不是提高了。

积极影响测试题

1. 我在过去的24小时里帮助过一个人。

2. 我是一个非常礼貌的人。

3. 我喜欢与心态积极的人相处。

4. 我在过去的24小时里夸奖过一个人。

5. 我有一种本领，能让别人心情愉快。

6. 我与心态积极的人在一起时效率更高。

7. 在过去的24 小时里，我告诉一个人，我对他 / 她很关心。

8. 我每到一地，都刻意结识别人。

9. 我每次受到表扬，都想表扬别人。

10. 上星期，我听别人诉说他 / 她的目标和理想。

11. 我能让心情不好的人笑。

12. 我刻意以我的同事喜欢的方式称呼他们。

13. 我关注同事们的优秀表现。

14. 我见到别人时总是笑容满面。

15. 见到优秀表现，及时给予表扬，使我心情舒畅。

策略三
STRATEGY THREE

交最好的朋友
Make Best Friends

在小学里，孩子们参加运动队、啦啦队、乐队或其他课外活动小组，即使这些活动与他们的兴趣不符，往往也不离开。既然家长没逼他们，而且他们无所成就，那为什么他们不愿离开呢？可能原因与一些员工一样：尽管单位不理想，甚至一团糟，他们仍不离开——因为他们在那里有一个最好的朋友。

如果你好好想一下，就会发现，我们大部分人参加并且不离开小组、团队和组织，往往是因为我们在那里有一个最要好的朋友。我们之所以说“最要好的朋友”，是因为我们对优秀部门的研究表明，相比于工作中有“朋友”、“好朋友”或“亲密的朋友”，在工作中有“一个最要好的朋友”更重要。在工作中有最要好的朋友的人事故率低，顾客满意度高，并能增加部门的效率。

虽然“最要好”这句话含有某种排他性，但是它并不表明，你只能有一个很亲密的朋友。说真的，我们更愿意建议你，在你的工作单位、家庭和社交圈里交几个最好的朋友。

深厚的友情能大大增加对生活的满意度。著名心理学家埃德·迪纳发现“最幸福的人都有高质量的社会关系”。另一方面，迪纳和其他研究人员发现，孤独的人容易沮丧。

你不妨思考一下自己最好的朋友。你们的友谊很可能是在早期的积极交往中形成的。如果你与某个人的大部分早期交往是消极的，那你就很难与他结为好友。当你初次与一个新人交往时，务必记住这一点。

首先，你要设法记住你常见的人的姓名，并确保用每个人喜欢的方式来称呼他／她。诚然，这看来是小事，却能留下深刻的印象。除非你熟知一个人的姓名，否则，是难以建立相互关系的。而一旦你们互知姓名，熟人可能很快就成为朋友。

无论你想广交朋友，还是只交几个铁哥们，最好的方法是在你与一个人初次交往时为他的水桶加水。无论是结交新人，还是深化现有的关系，这种方式都是十分有效的。事实上，如果没有持续的相互加水，你的朋友关系是难以持久的，更枉谈繁荣了。

我们建议你今天就把这一理念付诸行动。从对你最重要的人开始。告诉他们，他们对你是多么重要，为什么重要。不要以为他们已经知道了——即便如此，他们也喜欢听你说一遍。接着，设法了解他们喜欢什么，继而使你们之间的关系更加互信、持久和积极。

用无条件的积极态度悉心倾听朋友的心声。帮助他们做事。鼓励他们。成为他们的良师益友，或至少是他们知道能提供安慰的人。

但是，不要停留在亲人和朋友圈里。在工作单位，要善于关注别人的优秀表现。不断了解同事的情况。积极地与熟人——甚至生人交往。

你会发现，越来越多的人愿意与你交往。

策略四
STRATEGY FOUR

给一个惊喜
Give Unexpectedly

在第三章里，我们提到一次电视访谈：一个一度绝望的学生向卡蒂·库里克讲述了一个小学老师的鼓励如何改变了他的一生。其实，那天上午的节目还有一些其他的花絮。那个名叫布赖恩·贝内特的年轻人刚讲完自己的故事，库里克就给了他一个惊喜：她把他的老师请到了现场。当她和她的丈夫——另一位他喜欢的中学教师——从幕后走出来时，他的脸上充满了喜悦。

观众们后来得知，这两位老师的名字叫巴巴拉和迈克·布莱索，他们有一个鼎鼎大名的儿子，叫德鲁·布莱索，是全美足球联盟（NFL）的全明星四分位。他们相互致意后，库里克宣布，她还有一个惊喜给布赖恩。这时，德鲁·布莱索从幕后走出，送给布赖恩一件他的球衣和一只足球。这一从天而降的礼物使布赖恩喜不自胜，完全沉浸在积极情感中。

根据一次盖洛普调查，大部分人更喜欢出乎意料的礼物。意料之中的礼物固然也为我们的水桶加水，但由于某种原因，出乎意料的礼物能给我们的水桶多加一点水。礼物无需多么贵重，关键在于惊喜。

奢侈品零售商Saks Fifth Avenue曾做过一次试验，由营业员给不常前来购物的顾客一个意想不到的小礼物。虽然东西不大，但代表了Saks的谢意，顾客和营业员都喜欢。此举使不少偶尔为之的顾客变成了常客，继而增加了商店的营业额。

意想不到的礼物并非一定是件物品。它可以是对受方的信任或授权。向一个朋友谈及个人的事，或告诉他／她一个秘密，都能为他／她的水桶加水。

当你与别人交往时，我们建议你寻找机会给别人一些他们意想不到的小礼物，例如一个滑稽的小饰物，一次拥抱，或主动为他们倒一杯咖啡。甚至笑一笑都能成为一个意想不到的珍贵礼物。分享也是一个好方法。想一想，你可以和别人分享哪些书、文章或故事来积极地影响他/她的一天呢？

本着给一个惊喜的精神，我们有一个礼物要给你。我们想与你分享一个已经帮助100多万人识别自身优势的工具。它是盖洛普公司几十年研究的结果，已在48个国家使用。它是好几本书的核心，包括全国畅销书《现在，发现你的优势》，《盖洛普优势识别器2.0》和《现在，发现你的领导力优势》。

它叫“克利夫顿优势识别器”。唐发明了这一网上测试工具，意在帮助人们发现他们的才干。我们的研究表明，完成这一测试，继而了解自身优势的人更自信，更积极，效率更高，生活的方向更明确。而且，他们更善于关注别人的优势，继而为他们的水桶加水。我们希望，参加“克利夫顿优势识别器”的测试，并了解你的天生才干，不仅将为你的水桶加水，而且使你成为加水高手。

策略五
STRATEGY FOUR

颠倒“金科玉律”
Reverse the Golden Rule

对于为水桶加水，“你希望别人怎样对待你，你就怎样对待别人”的金科玉律是不适用的。相反，我们建议把它改一改，变成“别人希望你怎样对待他，你就怎样对待他。”我们用了第五章来说明这一点，但我们还想重申：要使你的加水行为有意义和有影响力，关键在于因人而异。所以，当你为别人加水时，务必颠倒——或至少重新界定——“金科玉律”。

我们讲述了客户服务代表迈特收到女儿照片的故事，说明人都是与众不同的，而正是你的与众不同之处决定了什么事情会为你加水——反之亦然。同样的事对于不同的人，意义就会不同。有人喜欢实物的奖励或礼品。另一些人则喜欢词句的表扬和认可。有人喜欢当众受表扬。另一些人则喜欢从他们所热爱、仰慕和尊敬的人那里得到私下的表扬或祝贺。

个性化的另一个重要方面是：我们对别人认可什么将帮助他们获得自知之明，继而决定他们未来的成就。正因为如此，加水必须因人而异。

如果你不知道该如何开始，就问几个简单的问题。我们提供了几个问题供你思考。你不妨对你的朋友们试一试。如果你是一名经理，那就问问你的手下，看看灵不灵，然后据此采取行动。

盖洛普认可访谈

1. 你喜欢别人叫你什么名字？

2. 什么是你喜欢谈论的爱好和兴趣？

3. 什么最能增加你的积极情感或“把你的水桶加满”？

4. 你最喜欢从谁那里得到认可和表扬？

5. 你最喜欢什么样的认可和表扬？你喜欢当众、私下、书面、口头还是其他方式的表扬？

6. 什么样的表扬最能激励你？你喜欢礼品、证书、赢得比赛的称号、有意义的信件或电子邮件，还是别的方式？

7. 你受过的最难忘的表扬是什么？

为了增强效力，表扬除了必须因人而异外，还应具体。为此，把表扬写下来，或写成电子邮件，是一个好方法。书面表扬之所以格外被珍惜，是因为持久——受方可以反复看到它。

在本书的网站上，我们向你提供了一个工具，用来打印和邮寄“给你水桶的水滴”。这是我们发明的一种方式，供你书写简短和个性化的表扬。我们鼓励你自由使用这一工具，或发明你自己的工具——只要对你或每个表扬对象有效。“水滴”被用于企业、学校和教会已长达30多年。成百上千万的人用过它们。不少人悉心保存他们多年前得到的“水滴”，以此回味他们的成就。请你自由使用这个系统，或根据你和每个表扬对象的需求，创造你自己的系统。

现在该你了：制定一个目标，至少每月写五个“水滴”或其他形式的表扬。你写好一个“水滴”后，就可以用不同的方式交给对方：悄悄给他，寄给他，或大张旗鼓地当众宣读。总之，用最有效的方式为他/她的水桶加水。这就是加水的秘诀。

后记

EPILOGUE

想象一下，在你每天为别人的水桶加水一年以后，你的世界会怎样？我们猜想，会发生以下变化：

- 你的工作效率会大大提高，而且充满乐趣。
- 你有更多的朋友。
- 你的同事和顾客会更满意和珍视与你的关系。
- 你的夫妻关系会更牢固。
- 你与亲人和朋友的关系会更密切。
- 你会更健康、更愉快和更长寿。

大量科学研究和日常的证据表明，相互加水对我们的生活至关重要。你要抓住每一个机会，来增加身边人的积极情感。效果将会十分显著。它甚至可能改变世界。

不要再等了。分分秒秒都重要。

在团队和组织中应用《你的水桶有多满？》的指南

A Guide to Applying How Full is Your Bucket? In Teams and Organizations

勺子和水桶的理论

● 我们每个人都有一只看不见的水桶。取决于我们每天与别人的交往，我们的水桶每时每刻都在放水和注水。当我们的水桶注满时，我们兴高采烈。当我们的水桶放空时，我们垂头丧气。

● 我们每个人还有一把看不见的勺子。当我们对别人的言行增加他们的积极情感时，我们就在用这把勺子为他们的水桶加水。但是，当我们陷入消极时，我们就是用这把勺子从别人的水桶里往外舀水，继而减少他们的积极情感。

● 一只盛满水的水桶使我们精神抖擞，意气风发。水桶中的每一滴水都使我们更强壮、更乐观。

● 但是一只空水桶却使我们萎靡不振、精疲力尽、裹足不前。正因为如此，每次有人从我们的水桶往外舀水时，我们都会受到伤害。

● 但是此事的作用是双向的。当我们为别人的水桶加水时，我们自己的水桶也会注满。而当我们从别人的水桶舀水时，我们自己的水桶也会流空。因此，我们每时每刻都面临一个选择：我们可以为各自的水桶加水，也可以从各自的水桶舀水。这是一个至关重要的选择——它深刻地影响着我们的人际关系、工作效率、健康和幸福。

《你的水桶有多满？》的发现

• 获得诺贝尔奖的科学家丹尼尔·卡内曼（Daniel Kahneman）指出，我们每天都经历大约20000次个人瞬间。这表明，我们每天有很多机会给别人的水桶加水。

• 通常，人们会记住积极或消极的时刻，而不会记住中性的时刻。积极与消极时刻的最佳比例是5个积极交往对1个消极交往。

盖洛普调查：

65% 的美国人声称，他们去年在工作单位没有获得认可。

在你的职场和团队中建设积极文化

● 优秀的企业十分在意职场的积极情感，因为积极的能量能提高员工的效率。盖洛普的研究（《你的水桶有多满？》中提及）表明，组织通过表扬和培养积极情感，提高了员工的敬业度，继而改进财务结果。

● 这项研究有一项关于认可的研究涉及10000经营单位和30多个行业，这项研究表明，经常认可与表扬会直接推动具体的商务结果，如个人效率提高，顾客更加忠诚和满意，更好的安全记录，工作中事故减少。

如何从本指南中获得最大收益

● 与团队成员讨论水桶和勺子的概念。鼓励大家就每个活动进行对话。对于很多人，这可能是他们第一次有机会思考什么事情会注满他们的水桶，或他们对别人能产生什么影响。

● 将勺子和水桶的理论融入你的日常人际交往，而不是偶然为之。接受这一理念的人越多，他们就越会使用一种共同的语言，来进行积极的认可。这样的联系会发挥巨大的威力。

● 将指南所列举的活动推广到你的团队。

1. 你可以根据自身团队的实际情况，对这些活动进行改动。

2. 到《你的水桶有多满？》的书中寻找案例和讨论题目。参加活动前，每个人都应阅读此书。

建立更积极组织的五个策略

策略1：防止从别人的水桶舀水

策略2：夸赞优点

策略3：交最好的朋友

策略4：给一个惊喜

策略5：颠倒“金科玉律”

策略1：防止从别人的水桶舀水

什么是舀水?

舀水指的是你说话或做事伤害别人；或你本来可以为别人的水桶加水，却没去做。

如何在组织内防止舀水?

- 告诉同事们舀水是什么行为。
- 指出舀水和加水的行为。
- 鼓励大家想点子加水。
- 在组织内部奖励加水行为。

策略1：防止从别人的水桶舀水

什么是加水?

加水不等于简单的认可。它涉及友情，一起做有意义的事，通过一些活动帮助每个人认识到自身价值和人生意义。

必须指出，人们是能够为自己的水桶加水的，并应当主动做那些使他们感觉良好和“充实”的事。如果我们的水桶是满的，我们就处于最佳状态。

不同人的水桶要用不同的方式加水。切记向每个人了解如何为他／她的水桶加水，确保加水行为因人而异。

舀水和加水的案例与后果

有的时候，我们为别人的水桶加水，却意识不到。同理，我们从别人的水桶舀水，却浑然不知。这一团队活动能激发大家讨论真实生活中的加水和舀水行为。活动时，使用右页的表格。

- 第一步：每个人写下一些从你的水桶舀水的具体行为；并在相邻的框内写下其后果。然后，写下一些为你的水桶加水的具体行为以及后果。
- 第二步：集体讨论真实生活中的舀水和加水行为及其后果。

焦点：提高对积极能量的认知，继而在生活中运用勺子和水桶的理论。这一活动能让我们反思我们的现实行为，激发积极的互动。

舀水和加水有什么后果

舀水	后果

加水	后果

策略2：夸赞优点

列举优秀员工

- 列举发挥积极影响的员工，而不是造成问题的人。
- 列举自愿参加活动的员工，而不是裹足不前的人。

此举需要花一些时间，而且似乎不够直接。然而，它能给表现优秀的员工以鼓励。表扬会使那些从不迟到，既分工又协作，并超水平完成任务的员工受到鼓舞。也会使那些落榜的人理解其中的含义。

每周都写感谢信

- 每周都会发生一些值得你感谢的事。关注这样的事，并说“谢谢你”，这是一个好习惯，而且足以改变一个组织的文化。这看起来很简单，但正是妙处所在。如果你需要帮助来识别值得夸赞的行为，那就每周都记笔记。然后选一天，用五分钟来写感谢信。

策略2：夸赞优点

关注人们的优秀行为

● 花时间来记录、评定和测量成功。鼓励个人设定目标并记录自身的成就。用各种方法来认可和奖励他们的胜利。通过关注优秀行为，我们就能在整个组织为水桶加水。

分享财富

● 时刻关注办公室里为别人加水的人。谁总在感谢别人？谁是忠于职守的啦啦队长？通过回应他们的感激，来增强他们的善意。如果他们给别人写感谢信，那你就写一封给他们。如果他们对别人直呼其名，致以问候，那你就问候他们。与你周围的积极情感传播者建立联系，将使士气大增。

用得分卡来记录你的成功

什么是得分?

- 得分是你取得的任何可测量的进步，是可以记录和评定的。
- 得分帮助你持续跟踪你的进步。
- 得分帮助你评测你的投资与自身专业目标或组织目标是否吻合。

得分案例：

- 团队会议的出席率。
- 向经理的正式投诉减少；员工主动解决问题。
- 文化改善，见于更多人自愿参加各种活动。
- 更多的客户自发地夸赞。
- 你每月发出和收到更多的感谢信。

得分卡

记录成功

目标1：______________________________

我如何测量成功：______________________________

____

目标2：______________________________

我如何测量成功：______________________________

____

我如何让别人知道我的成功：

____

____

____

我如何了解别人在做什么，并表扬他们的成就：

____

____

____

策略3：交最好的朋友

我们说的并不是一辈子的铁哥们。这一策略意在创造一个环境，来帮助人们建立相互信任的关系。想象一下最好的朋友会产生怎样的影响；我们向他们学习，向他们求助，并激励他们更进一步。

以下是培养信任环境的一些方式：

- 了解你常见的人的姓名。
- 花时间在早餐或工休时与同事坐下来聊天。
- 寻找具体的方式来相互加水。
- 邀请你的同事们来玩“团队琐事”（team trivia）的游戏——用诙谐的方式增进相互了解。你可以进行下页的“聚焦于你”练习。

聚焦于你

使用以下的表格来加深相互了解。把它用于会议或其他团队活动。视情况对一些问题进行调整。也许你想了解突发灵感的时刻，喜欢看的电视节目，或近期的成功。

姓名	爱好	你的一个才干或优势（例如，别人认为你擅长的事）	给你加水的最佳方式

策略4：给一个惊喜

● 给水桶加水不一定要进行正式的安排和计划。一些最令人难忘的加水行为就发生在一瞬间，例如我们碰巧见到一个人，或父母、配偶或其他重要的人工作一天后回到家里。

● 如果其他人帮了忙，或工作出色，我们都能为他加水。这样的积极能量会促成整体的文化变迁，使所有人都关注并认可优秀行为。突然间，人们开始相互寻找反馈。结果，认可不再是经理的领地，也不再局限于绩效评估时的官样文章。更重要的是，由于员工得到相互认可的授权，认可的发生率得到提高。一句话，员工相互鼓励和支持，蔚然成风。

创造性地给一个惊喜

• 只要看到你喜欢的事情，就给当事人一个“水滴”或感谢信（本指南提供水滴的样本）。

• 舍得花时间。与向你求助，希望你关注和指点的人共处。

• 当众表扬。除了正式的表彰会，寻找其他的机会当众表扬人（前提是当事人喜欢当众表扬）。

• 通过兑现承诺来给一个惊喜。

• 通过倾听，并记住别人声称重要的事情来给一个惊喜。然后落实对方提及的事情。

• 及时表扬别人对工作、活动和项目所做的贡献。

• 进行集体表扬。针对团队成员的相互激励，表扬整个团队。

• 反复表扬。将顾客的表扬信张贴出来，让大家都看到。

如何写水滴

“水滴”是一张水滴状的卡片，供大家亲笔书写自己的感受。这是一个简单的工具，旨在帮助人们分享赞语，给一个惊喜，为别人加水。

水滴必须是个性化、具体和应得的

如果水滴不是当事人赢得的，就会使别人赢得的水滴贬值。谁都不喜欢空洞的表扬。而水滴可以帮助你认可最细小的贡献和进步。

只要是个性化、具体和应得的，那么我们都能给别人送水滴。而且每个人都能够和应该写水滴。

水滴样本

个性化、具体和应得的

评估你的加水行为

重要的不是你写的水滴数量，而是你认可别人的质量。现在请你评估自己对别人的认可，针对以下各项，用1、2、3、4、5给自己打分；1表示“不好”，5表示“很好”。

当事人对我的表扬当之无愧。	□
我的表扬针对一件具体的事。	□
我的表扬是个性化的，其内容是当事人喜欢的。	□
我事先了解当事人偏爱的表扬方式（例如私下还是当众）。	□
我为表扬当事人选择了最好的时机。	□
总分	□

分数越高，表扬的质量就越高。你应当不断努力提高得分。

策略5：颠倒“金科玉律”

不要：根据你的喜好对待别人
要：根据别人的喜好对待他们

你希望怎样为自己的水桶加水与别人希望怎样为他们的水桶加水可能很不相同。我们很有必要思考自己，自己的喜好，以及别人的喜好。思考你喜欢怎样的表扬对于你，可能还有许多人，都是新奇的想法。为了探究这些想法，可能需要大家讨论一番，还可能需要每个人单独思考。

为了了解别人希望怎样为他们的水桶加水，最好的方法是问他们。你当然也可以观察他们，同时仔细分析他们的行为，但是最保险的办法是不带任何臆测地问他们。通过了解你身边的人希望如何为他们加水，就能有效地改变团队和组织的文化。

你希望怎样为你的水桶加水？

独特的需求

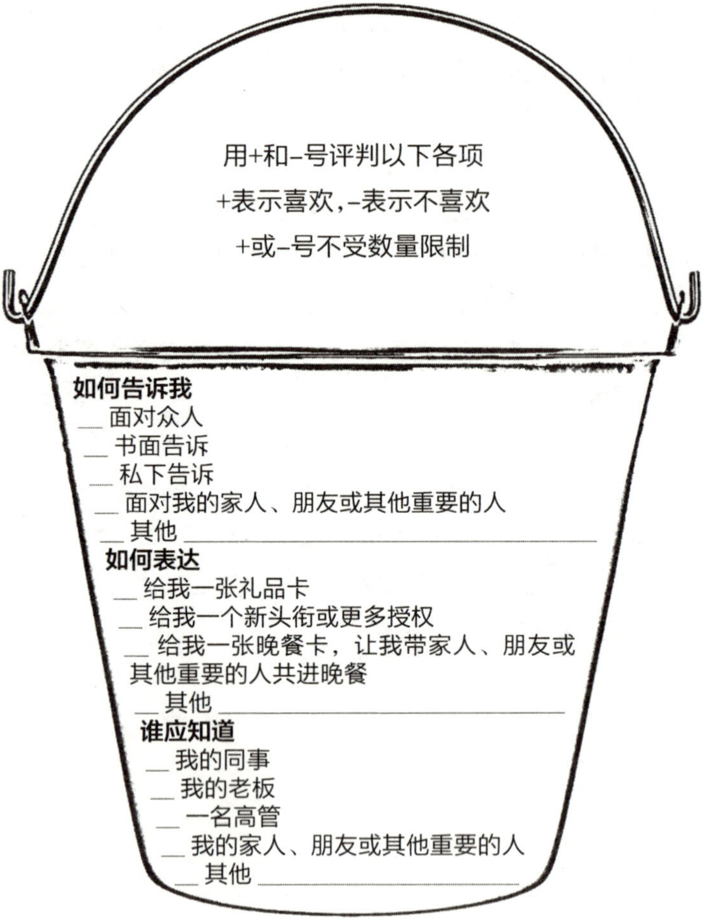

别人希望怎样为他们的水桶加水？

独特的需求

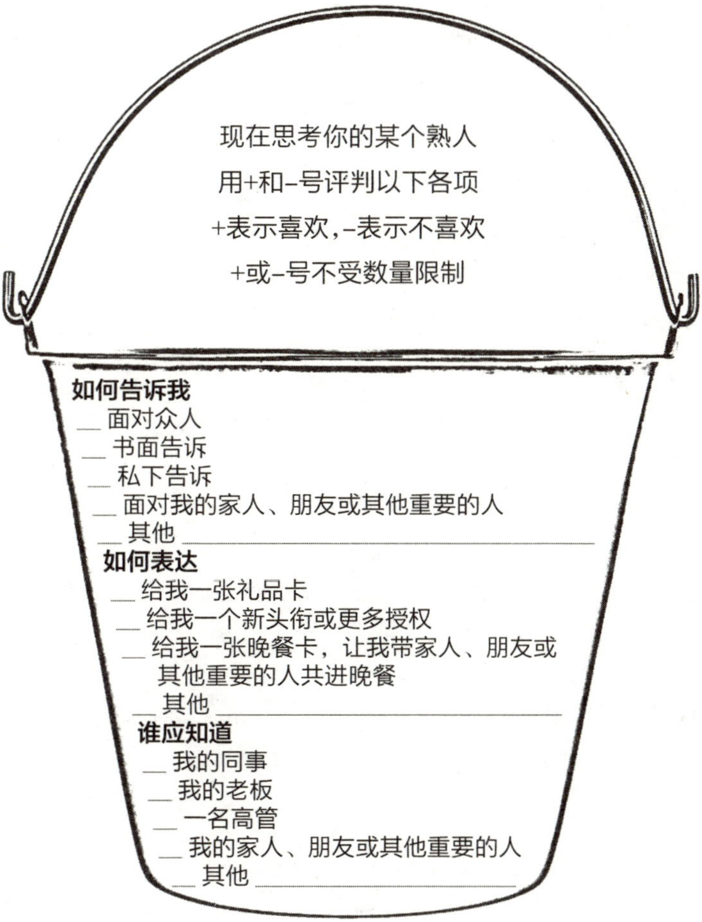

关于盖洛普公司

盖洛普管理咨询

盖洛普研究人类行为超过70年，与大多数咨询公司有着很大的区别——其他公司主要围绕传统领域（如降低成本、建立或重新设计流程和系统或者收购与兼并等）提供服务，而我们致力于帮助公司推动真正的“有机增长”（Organic Growth），即通过可持续的运作来提升营业收入和利润。

盖洛普整合数十年在管理、经济、心理、社会等多领域不断取得的研究和实践成果，探索出一条如何帮助企业实现持续发展和利润增长的途径——这就是盖洛普路径（The Gallup Path）。该路径指导企业如何关注顾客与企业的情感联系，工作环境和员工的敬业度，发展优秀的经理，识别个人的优势，因才适用，从而驱动企业可持续的发展和利润的真正增长。

盖洛普企业成功路径

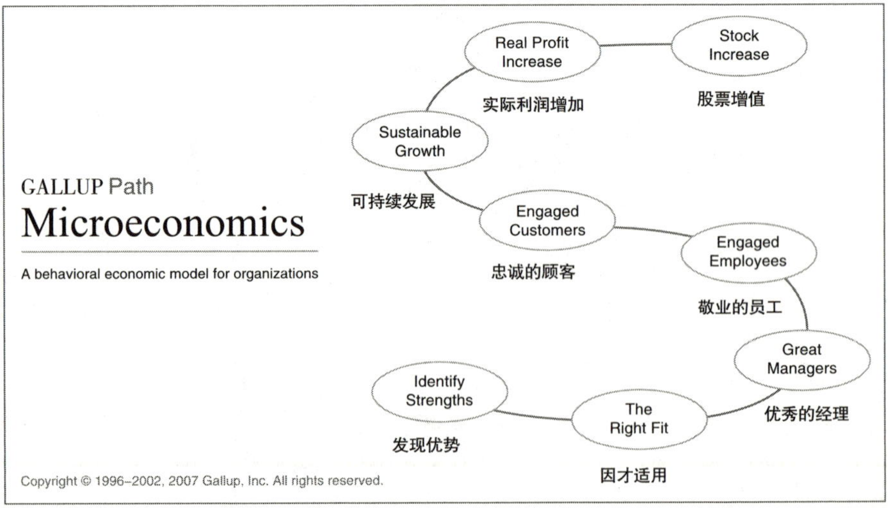